孝經傳說圖解

蘭公曲阜

雲豫堂

秀水金聯璧指刺

蘭公。名期。居兗州曲阜縣九原里其家百餘口。精修孝行。致斗中真人。下降其家。自稱孝弟王。姓衛。名宏康。語蘭公曰。始炁為大道。於日中為孝仙王。元炁為至道。於月中為孝道明王。糸氣為孝道。於斗中為孝弟王。夫孝至於天。而日月為之明。孝至于地。萬物為之生。孝至於民。王道為之成。吾居上清。以託化人間。亦陳孝弟之教。後晋代當有真仙許遜。傳吾孝弟之宗。是為衆仙之長。因付蘭公秘言。及金丹寶經。令傳女真諶姆。以授許遜。于是孝弟王遂將蘭公遊於郊

涵

野道旁見三古[illegible]指示蘭公此是汝三生解化之迹其第一塚。乃昔日解所遺仙衣而已。第二塚。乃太陰鍊形。形體已就。今當起矣。第三塚。藏蜕骨耳。宜移塚傍路。勿令人物踐履。孝弟王言訖升天。蘭公乃牓示行人。斷其舊路。人為妖妄。逕執詣官。官令拘公至地對開其塚。一如公言。衆咸驚嘆。吏持仙衣獻府君。府君著衣不能勝。還與蘭公。公服之。即同塚中仙人。合為一體。竦身輕舉。官吏悔謝。拜懇何時再降。蘭公俯語之曰。我自此或十日。或百日。一降。施行孝道。以濟

秀水金聯壁捐刻　涵

迷途。其後吴都有十五歲童子。又有三歲靈童。皆其化身也。　十二真君傳

孝經傳說圖解

諶姆　黃堂

雲豫堂

諶姆。居金陵潛修至道。耆老累世見之。齒髮不衰。皆以諶姆呼之。謂其可為人師也。吳大帝時。行丹陽市中。忽遇一男子。年十四五。叩頭再拜。願為義子。諶姆告曰。汝既長成須侍養所生。何得背其已親。而侍我為母。既非其類。不合大道。於是童子跪謝而去。又經旬日。復過市。忽見孩兒。年可三歲。悲啼呌呼。莫知誰氏之子。因遇諶姆執衣不捨。告曰。我母何來唯求哀憫。諶姆憐其無告。收歸撫育。漸至長成。供侍甘旨。晨昏不虧。心與道合。行通神明。年弱冠。諶姆謂之曰。我

秀水金朱氏捐刻　涵

修奉正道。其來已久。汝以我撫育。暫止林因。將何為
姓。兒曰。昔蒙天真授以靈章。約為孝弟明王。請以此
為名號可乎。姆曰。既天真付授。吾何敢違。後議求婚。
兒跪母前說贊曰。我非世間人。上界高真仙。今與母
為兒。乃是夙昔緣。因得行孝道。度脫諸神仙。向前十
五童。亦是我化身。今已道氣圓。我將返我真。真凡自
殊趣。何為議婚姻。盡於黃堂壇。傳教付至人。母既施
吾教。三清棲我神。姆聞贊。驚畏異常。遂于黃堂建立
淨壇。嚴奉香火。大闡孝弟明王之教。明王盡付妙訣。

無授靈章。於是辭姆飛騰而起。諶姆寶而秘之。後付
許遜。及吳猛畢。姆亦駕龍仙去。　墉城仙史

秀水金朱氏捐刻

孝經傳說圖解

華秋匿兔

雲豫堂

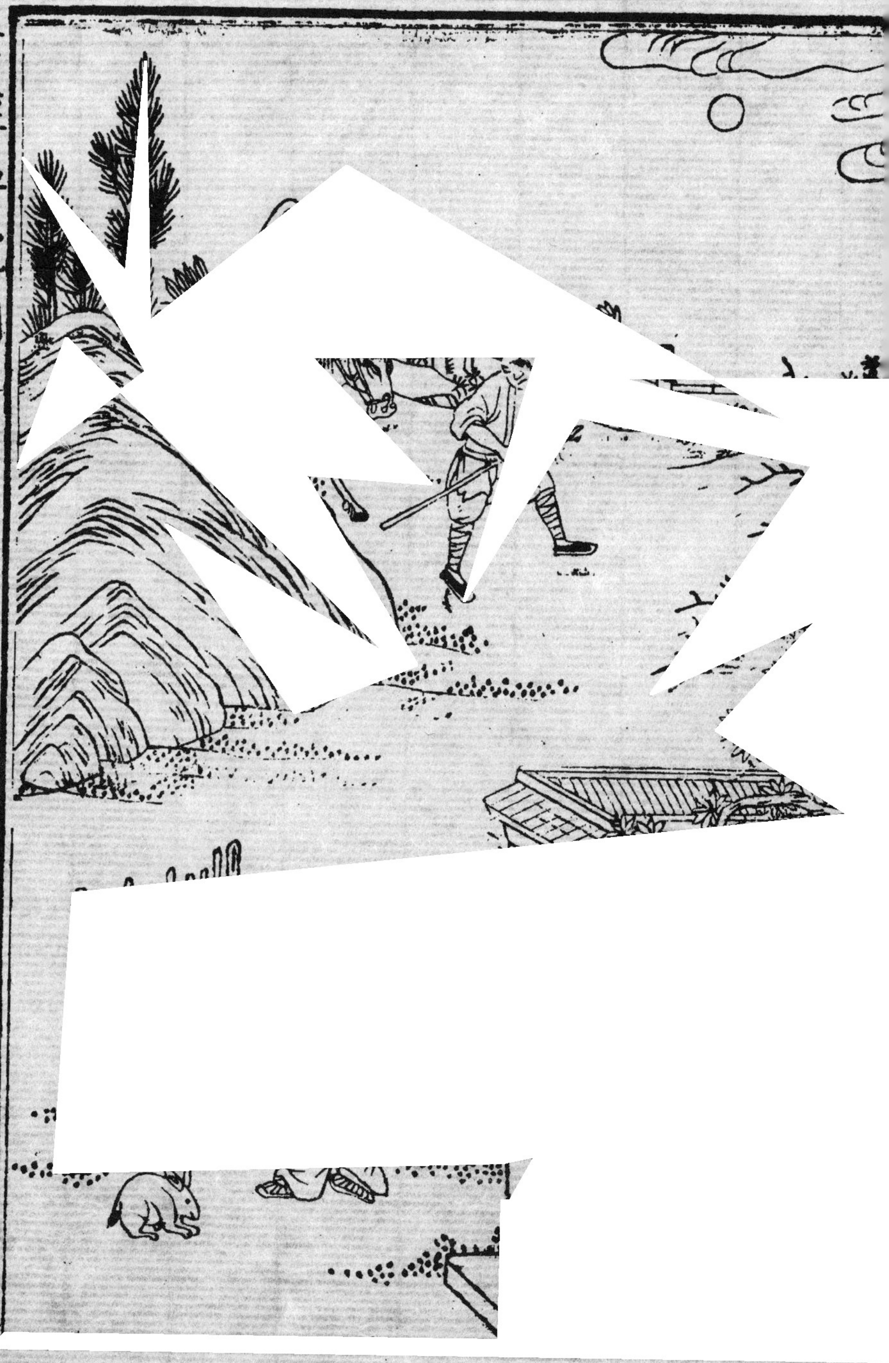

華秋汲郡臨河人幼喪父事母以孝聞家貧傭賃為養其母遇患秋容貌毀悴鬚髮頓改州里咸嗟異之及母終之後遂絕櫛沐髮盡脫落廬於墓側負土成墳有人欲助之者秋輒拜而止之大業初調狐皮郡縣大獵有一兔人逐之奔入秋廬中匿秋膝下獵人至廬所異而免之自爾此兔常宿廬中馴其左右郡縣嘉其孝感具以狀聞帝降使勞問表其門閭後群盜起常往來廬之左右咸相誡曰勿犯孝子鄉人賴秋而全者甚衆 隋書

秀水金汝幹捐刺

謙

秀水金汝鈖捐刻　護

明河南舞陽縣民。周炳。事母焦氏至孝。嘗病篤。炳呼天禱神。求以身代。遂愈。後復病痢。思食獐肉。炳求之不得。忽一獐入其家。即以供母。母病復差。人以為孝感所致。請表其門曰孝行。

洪武實録

孝經傳說圖解

夏千苦草

雲豫堂

秀水金汝楫捐刻

晉

夏千。東關人。饒膂力。負奇節。事父以孝聞。東關居水
濵。生不識虎。村民朝牧牛。虎忽起叢草中。衆驚呼。虎
逸入千園中。父出見攫。時千方飯。吐哺急走。手持竹
筋。連箠虎頭。虎爪其面。不為動。箠愈急。虎舍之去。千
負父歸。腸出納而紉之。禱於庭曰。父生願偕生。否願
偕死。父創甚。猝不得善藥。因攬庭中苦草嚼而傅之。
痛少止。俄羣獵過其門。趍詢治虎傷之藥。獵者入視
之。曰。唏。此即是也。和酒飲之。即愈。事聞。議旌。胥索賄
千不與。曰。奈何行錢買孝子也。事遂寢。會稽縣志

孝經傳說圖解

淑偉枯桑

雲豫堂

秀水金汝楫捐刺

晉

羊淑偉。母常有疾。淑偉中夜祈禱。忽有人在樹下。自稱枯桑君。曰。若母無患。時令泄氣在亥。可西南求白石鎮之。言訖不見。明日如言而愈。孝苑

孝經傳說圖解

王裒柏慘

雲豫堂

嘉興余修德捐刻

誠

王裒字偉元城陽營陵人也少立操尚行已以禮身長八尺四寸容貌絶異父儀高亮雅直為文帝司馬東關之役帝問于衆曰近日之事誰任其咎儀對曰責在元帥帝怒曰司馬欲委罪於孫耶遂引出斬之裒痛父非命未嘗西向而坐示不臣於晉也乃隱居教授三徵七辟皆不就廬于墓側旦夕常至墓所拜跪攀柏悲號涕淚著樹樹為之枯母性畏雷母歿每雷輒到墓曰裒在此及讀詩至哀哀父母生我劬勞未嘗不三復流涕門人受業者為之廢蓼莪 晉書

孝經傳說圖解

寇萊槌瘡

雲豫堂

宋寇準少時不修小節頗愛飛鷹走馬太夫人性嚴
每不勝怒舉秤槌投之中足流血由是折節讀書改
行從善及為丞相封萊國公而母已亡矣每脫襪捫
其瘡痕輒感念流涕。宋史

嘉興余修德捐刻　誠

孝經傳說圖解

旌陽雞犬

雲豫堂

嘉興余修德捐刻

祺

真君許子敬。諱遜。許昌人。從諶母聞至道。為全真之長。擇日登壇。闡明孝道。後以符呪救人。及誅大蟒。斬蛟精。施德辟災。不可勝數。孝武寧康時。真君一百三十六歲。有雲仗自天而下。詔授九州都仙太史。仙眷四十二口。同時昇舉。雞犬亦隨逐飛。有頃。鼠墮。拖腸而不死。後有見者。皆為瑞應云。

孝經傳說圖解

袁師狼蛇

雲豫堂

嘉興余修德捐刻　祺

程袁師。宋州人。母病。十旬不解帶。代弟戍洛州。母終聞訃。日走二百里。負土築墳。常有白狼黃蛇。馴墓左右。每哭。羣鳥鳴翔。永徽中。詔吏敦駕。既至。不願仕。授儒林郎。還之。唐書

孝經傳說圖解

劉殷籬粟

雲豫堂

嘉興余修德捐刻　勇

劉殷。字長盛。新興人也。七歲喪父。哀毀過禮。曾祖母王氏。盛冬思菫。殷乃於澤中慟哭。忽若有人云止止聲。殷收淚視地。有菫生焉。因得斛餘而歸。又甞夜夢神謂之曰。西籬下有粟。寤而掘之。得粟十五鍾。銘曰七年粟百石。以賜孝子劉殷。

晉書

孝經傳說圖解

王薦雪瓜

雲豫堂

嘉興余修德捐刻　男

元王薦。福寧人。母嘗病渴。思瓜。時冬月。薦至深嶺。值雪。仰天而哭。忽見巖石間青蔓披離有二瓜焉。摘歸以進。母渴頓止。有司上其狀旌之。

續宏簡錄

孝經傳說圖解

孝緒官紙

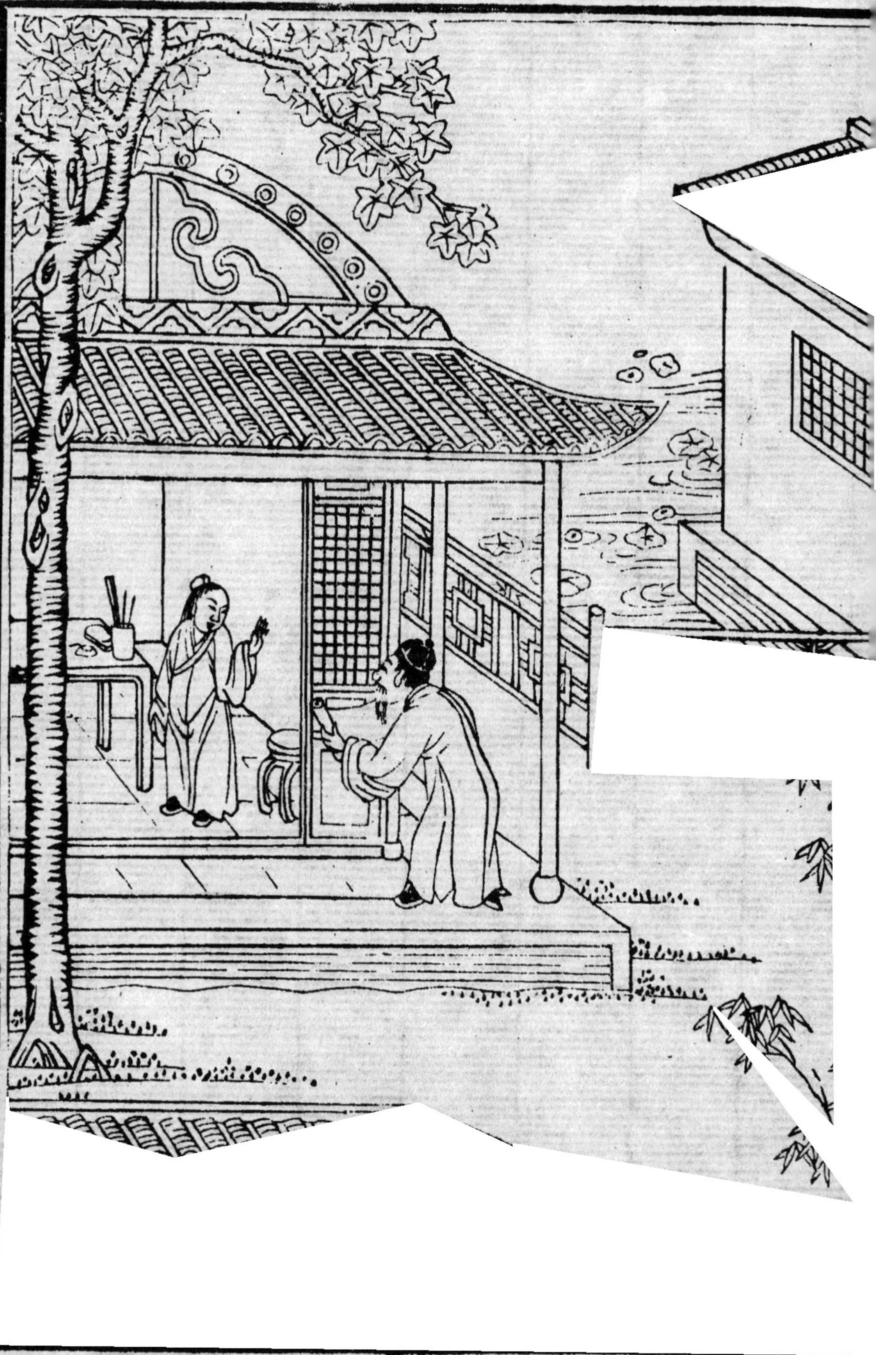

雲豫堂

嘉興余修德捐刻

凝

阮孝緒陳留尉氏人也。父彥之。宋太尉從事中郎。以清幹流譽。孝緒幼至孝。性沉靜。年十餘歲。隨父為湘州行事。不書官紙。以成親之清白。後於鍾山聽講。母王氏忽有疾。兄弟欲召之。母曰。孝緒至性冥通。必當自到。果心驚而反。鄰里嗟異之。合藥須得生人蓡。舊傳鍾山所出。孝緒躬歷幽險。累日不逢。忽見一鹿前行。孝緒感而隨後。至一所遂滅。就視果獲此草。母得服之遂愈。時皆言其孝感。南史

孝經傳說圖解

敬觀鹽艖

雲豫堂

嘉興余修德捐刻

凝

明許敬觀。明州衛軍。事母至孝。一日與同伍十人。駕艖販鹽。至江北渡。忽暴風雷電。挐舟中人上泥塗中。皆震死。敬觀默念我死。母將誰依。忽若有人援之。去家宄所三丈許而甦。人以為孝心所感。鄞縣志

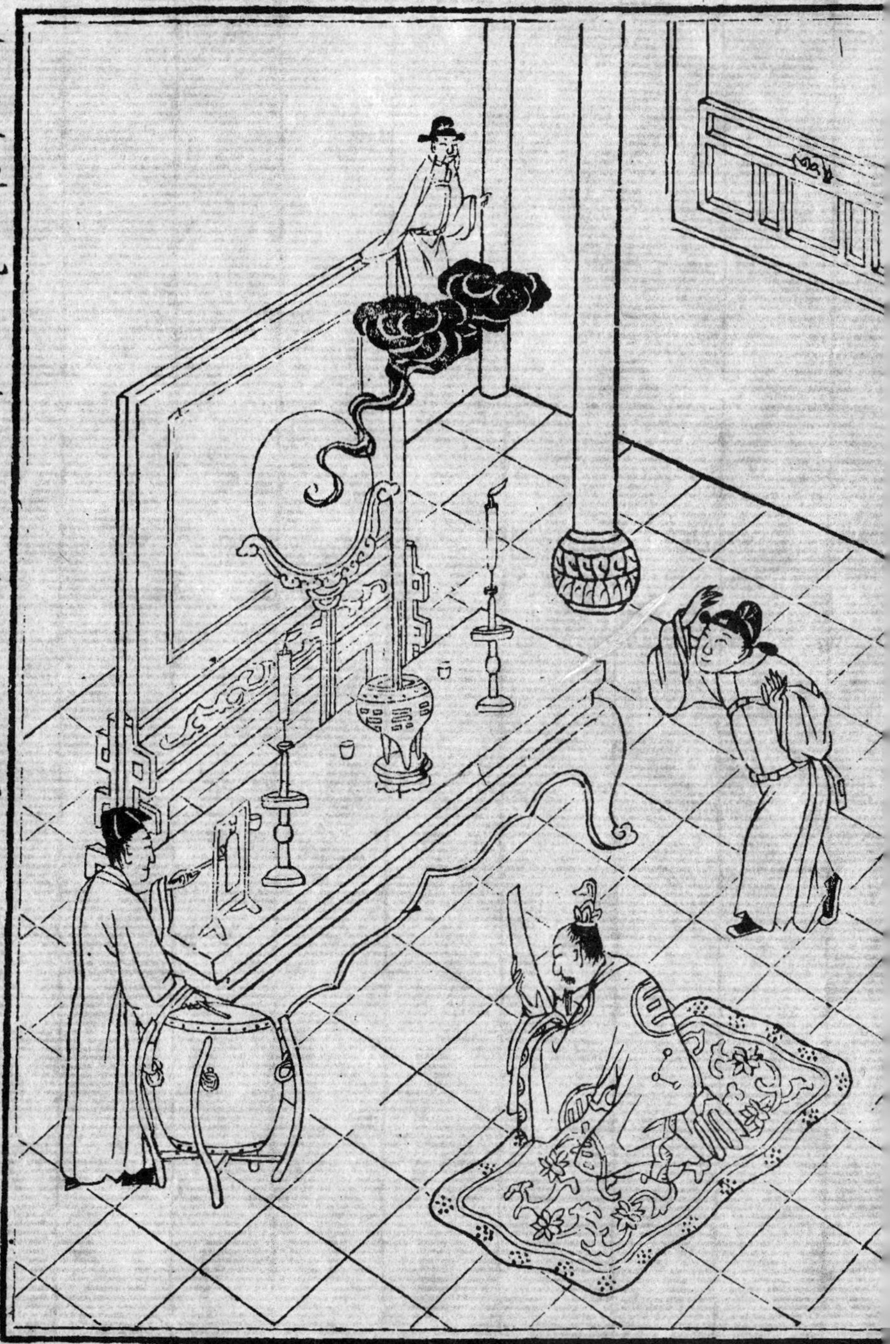

洪祥醮鏡

雲豫堂

嘉興余修德捐刻

毅

明洪祥。黄梅人。父病痺。年餘。起臥粥飯皆祥左右。父憫祥勞。使就婦處。祥陽應而陰伏父寢。父夜起溺。呼僕不寤。力殆而仆。忽一人参脇。父驚問誰。見祥應聲持之泣曰。兒孝至矣。吾其痊乎。已而果然。祥與其妻竭力承歡。優游十餘年。及父卒。思慕不置。見父形於醮薦鏡中。

明孝友傳

孝經傳說圖解

德驥法華

雲豫堂

嘉興余修德捐刻

殺

周德驥字仲良新城人父早世事母備至起居飲食惟母意是適依戀若嬰兒母病營救勿效夜輒向天而禱願減己壽以益母壽一夕見有神人手執蓮花告曰不必爾也誦法華經六十部則爾母差矣驥用神言持誦惟謹疾果愈

徐一夔周德驥傳

天隱雲霧

雲豫堂

乍川錢樹庸捐刻

陳天隱。字君舉。以篤孝稱。母卒。卜葬于三峯之陽。時六月。赤日如焚。先期禱乞雲霧覆棺。已而果應。葬畢雲散。人皆異之。宣和五年。郡守范之才表聞。詔卹其家。列祀鄉賢。大觀時。以孝弟睦婣任卹忠和八字旌其門。金華先民傳

孝經傳說圖解

尚質風濤

雲孫堂

作川錢樹庸捐刻　用

陸尚質。山陰人。送父登舟海口。風作。舟將覆。尚質號泣投風濤中救父。烈風頓息。父舟得濟。尚質竟溺死。人因名其渡曰陸郎渡。名山藏

孝經傳說圖解

士明菱芡

雲豫堂

何倫字士明。錢塘人。父病。不解衣侍湯藥者五閱月。及卒。哭踴不欲生。及葬。躬負土成墳。晨夕攀柏而號。哀感行路。以母病。弗克廬墓。嵗大祲。與妻子雜採湖中菱芡共米蔌而飯。三時上食。列簋如故。其母不知為祲嵗也。蓋甘倫之養者三十年。八十乃終。而倫亦白首矣。兩浙名賢錄

作川錢樹庸捐刻

粹

孝經傳說圖解　叔達蒲萄　雲豫堂

乍川錢樹庸捐刻　粹

陳叔達為納言。常賜食。得蒲萄。不舉。唐高祖問之。對曰。臣母病渴。常求不能致。臣願奉之。帝曰。卿有母遺乎。因復賜之。唐書

孝經傳說圖解

羅威進果

雲豫堂

乍川錢樹庸捐刻

言

羅威。字德仁。八歲喪父。事母至孝耕耘為業。勤身苦體。以奉供養令召署門下吏。不就將母遁避。隱居增城縣界。令還復舊居。朝暮供侍。異果珎味。隨時進前也。廣州先賢傳

伯頴夢桃

雲豫堂

秀水唐宗源捐刻

言

施伯頴。字長孺。幼善屬文。性至孝。七歲。從父延賢。讀書于杭之仙林寺。父患疫垂斃。伯頴泣禱迦藍。夜夢一青衣。指寺後桃樹云。此杪能活爾父。父覺取進服之。立瘥。浦江縣志

孝經傳說圖解　姜詩躍鯉　雲豫堂

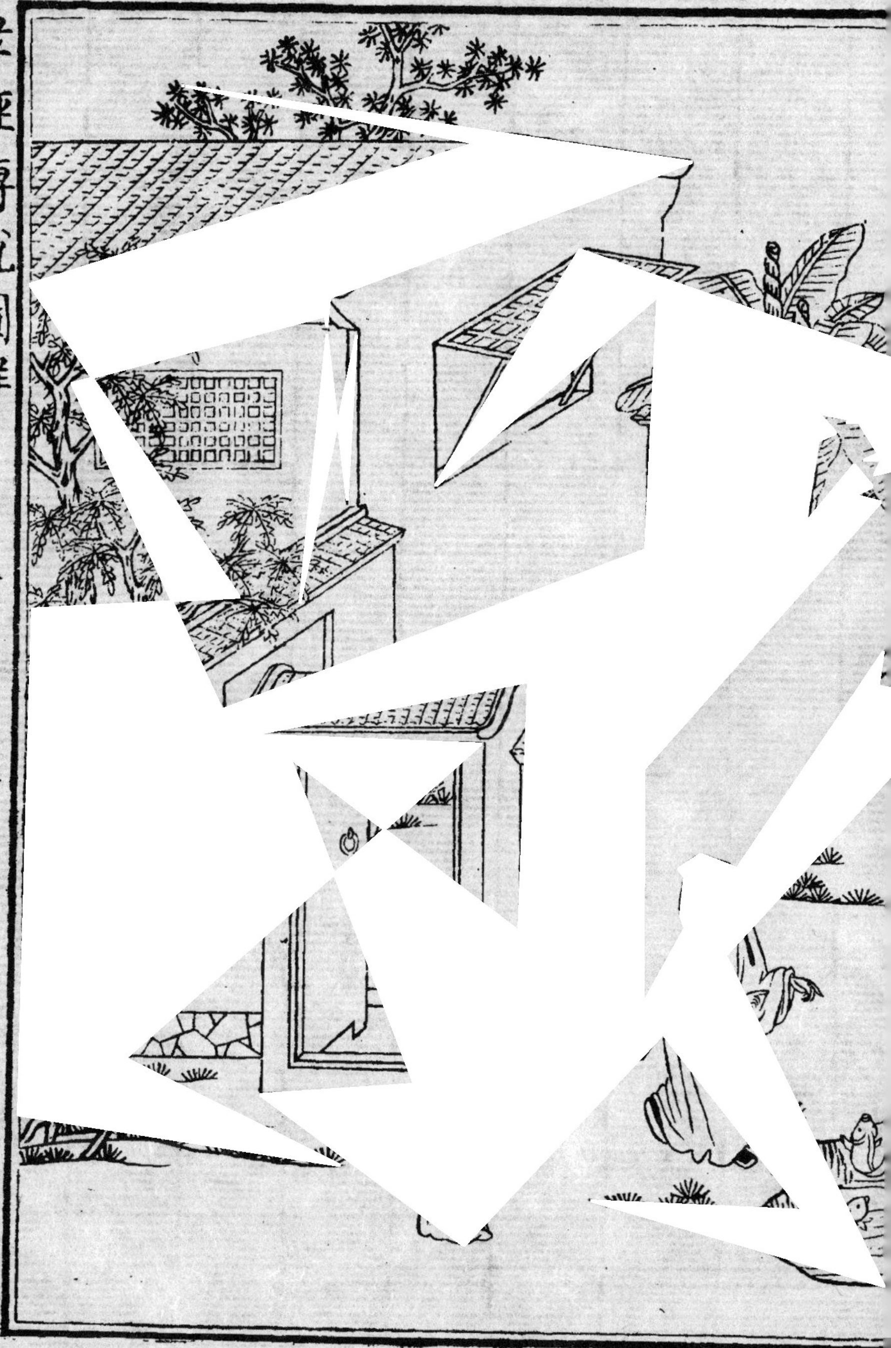

嘉興姚吉昌揹刻　倫

姜詩。事母至孝。妻龐氏奉順尤篤。姑好飲江水。水去
舍六七里。龐常泝流汲以供。值風還遲。姑渴甚。而恚
詩責妻遣之。龐止旁舍。晝夜紡績。市珎羞。使鄰母自
以其意遺姑。如是者久之。姑怪問。鄰母具以告。姑慚
感。令還。恩養愈謹。姑嗜魚鱠。又不能獨食。呼鄰母共
食。夫婦力作供鱠。後舍側忽湧甘泉。味如江水。每旦
輒出雙鯉以供。赤眉經其里。弛兵過之。曰驚大孝必
觸鬼神。斂帛米子之而去。朝廷拜姜詩郎中。至下詔
言大孝入朝爲榮寵云。後漢書

盛彥感螬

雲[illegible]堂

嘉興姚吉昌捐刻

倫

盛彥。字翁子。廣陵人。少有異才。年八歲。詣吳太尉戴昌。昌贈詩以觀其志。彥于坐答之。辭甚慷慨。母王氏因疾失明。彥每言及。未嘗不流涕。于是不應辟召。躬自侍養。母食必自哺之。母既疾久。至于婢使數見捶撻。婢怨恨。伺彥暫行。取蠐螬炙飴之。母食以為美。然疑是異物。密藏以示彥。彥見之。抱母慟哭。絕而復蘇。母目豁然即開。從此遂愈。彥仕吳至中書侍郎。晋書

孝經傳說圖解

黔婁嘗糞

雲豫堂

嘉興金世珍捐刻　怡

庾黔婁字子貞。新野人也。少好學。多講誦孝經。未嘗失色於人。為編令。治有異績。先是縣境多猛獸。黔婁至。獸皆渡往臨沮界。當時以為仁化所感。齊永元初。除孱陵令。到縣未旬。父易在家遘疾。黔婁忽然心驚。舉身流汗。即日棄官歸家。家人悉驚其忽至。時易疾始二日。醫云。欲知差劇。但嘗糞甜苦。易泄痢。黔婁輒取嘗之。味轉甜滑。心逾憂苦。至夕。每稽顙北辰。求以身代。俄聞空中有聲曰。徵君壽命盡。不可復延。汝誠禱既至。止得申至月末。及晦而易亡。梁書

孝經傳說圖解

檀郁湧泉

雲豫堂

嘉興金世球捐刻

怡

檀郁。字道清。桐鄉人。家貧。事母汪氏極孝。母終。厝縣治西北二里許。山多石。不可穴。郁徬徨悲泣。焚香叩神曰。郁不孝。使吾母葬無處所。罪莫大焉。神其庸之。越四日。鄉人胡伯恭夢一人告之曰。檀孝子有穴湧泉。可丈餘耳。既覺。走語郁。醫士程伊聞之曰。醫家有湧泉穴。在足心。意者山之麓乎。因求之。果得土。僅容棺。遂得葬。郁廬其側。山素無泉。每食必下山取水。忽有泉自石罅出。色瑩味甘。得免下汲。至終喪而泉竭。正統丁卯。詔旌其門。浙江通志

孝經傳說圖解

庾袞賣菅

雲豫堂

嘉興沈珏捐刻

庾袞。字叔褒。明穆皇后伯父也。少勤儉。篤學好問。咸寧中大疫。二兄俱亡。次兄毗復殆。癘氣方熾。父母諸弟皆出次於外。袞獨留不去。毗病得差。袞亦無恙。袞諸父並貴盛。惟父獨守貧約。袞躬親稼穡。以給供養。父亡。作菅賣以養母。母終。服喪居於墓側。或有斬其墓柏。叩頭泣涕。謝祖禰曰。德之不修。不能庇先人之樹。袞之罪也。父老咸為垂泣。自後人莫之犯。晋書

恭

吳逵燒磚

雲豫堂

吳逵。吳興人。經荒饑疾病。父母兄嫂合門死者十有三人。逵時亦病篤。其喪皆隣里以葦席裹而埋之。逵夫婦既存。家極貧窘。冬無衣被。晝則傭賃。夜燒磚甓。遇毒蛇猛獸。輙為之下道。朞年成七墓十三棺。時有賻贈。一無所受。太守張崇義之。以羔雁之禮禮焉。晉書

嘉興沈珏捐刻

孝經傳說圖解

范宣挹菜

雲豫堂

嘉興徐如芑捐刻

善

范宣。年八歲挹菜誤傷指大啼。人問痛也。答曰。非為痛。身體髮膚。不敢毀傷。是以啼耳。世說新語

孝經傳說圖解

徐珙植蓮

雲豫堂

嘉興徐如苞捐刻

善

徐珙。龍游縣學生。以善剪字篆書。授陝西都司經歷

父喪。蔬食。廬墓三年。服闋改任常州府通判。迎母錢

氏就養。錢歿。合葬父墓。復蔬食。廬墓三年。以父存日。

最愛蓮。植蓮数本於墓下。未幾。花開並蒂。詔旌其門

曰孝行。明實錄

孝經傳說圖解

趙昱握粟

雲豫堂

嘉興汪鼎捐刺

貞

三國魏趙昱琅邪人也年十三母嘗病經涉三月昱慘戚消瘠至目不交睫握粟出卜祈禱泣血鄉黨稱其孝就處士東莞綦母君受公羊傳兼該羣業歷年潛志不窺園圃親踈希見其面時入定省父母須臾即還高潔廉正抱禮而立清英儼恪莫干其志旌善以興化殫邪以矯俗州郡請召嘗稱疾不應國相檀謨陳遵共召不起或興威怒終不迴意舉孝廉除莒長宣揚五教政為國表會黃巾作亂陸梁五郡昱討平之徐州刺史巴祗表功第一當受遷賞昱深以為

[illegible]
謙重令揚州從事會稽吳範宣旨。昱守意不移。欲威
以刑罰。然後乃起。舉茂才。遷廣陵太守。三國志

嘉興汪鼎揩刻

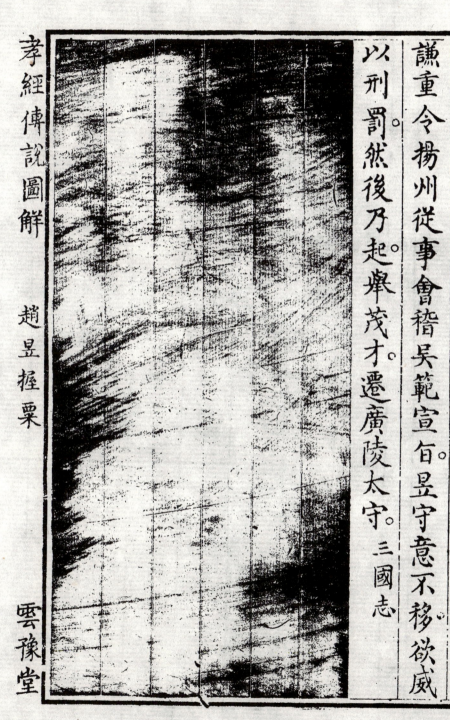

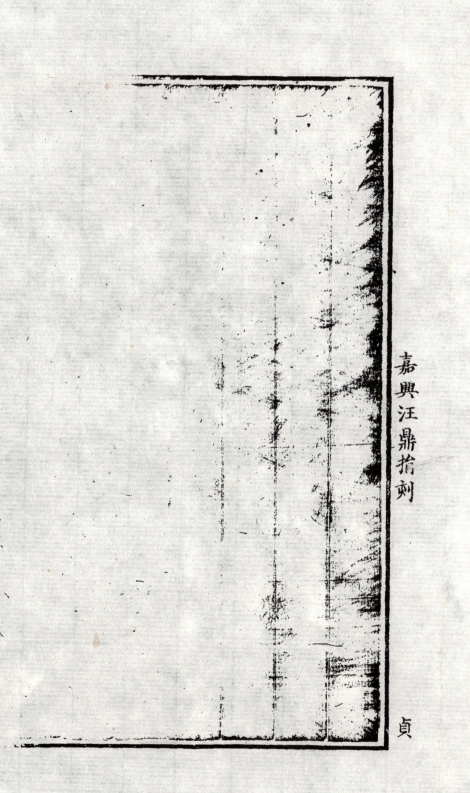

孝經傳說圖解

盧操執鞭

雲豫堂

嘉興汪鼎捐刻

盧操。事繼母張氏以孝聞。張生三子。每命操爲三子主炊。操服勤不倦。張誨其子讀書。三子每出。張命操随驢執鞭引繩如僮僕。三子曰。随驢何如我讀書。操曰。不讀書。所以逐驢。後明經擢第。史系

孝經傳說圖解

魏公悟主

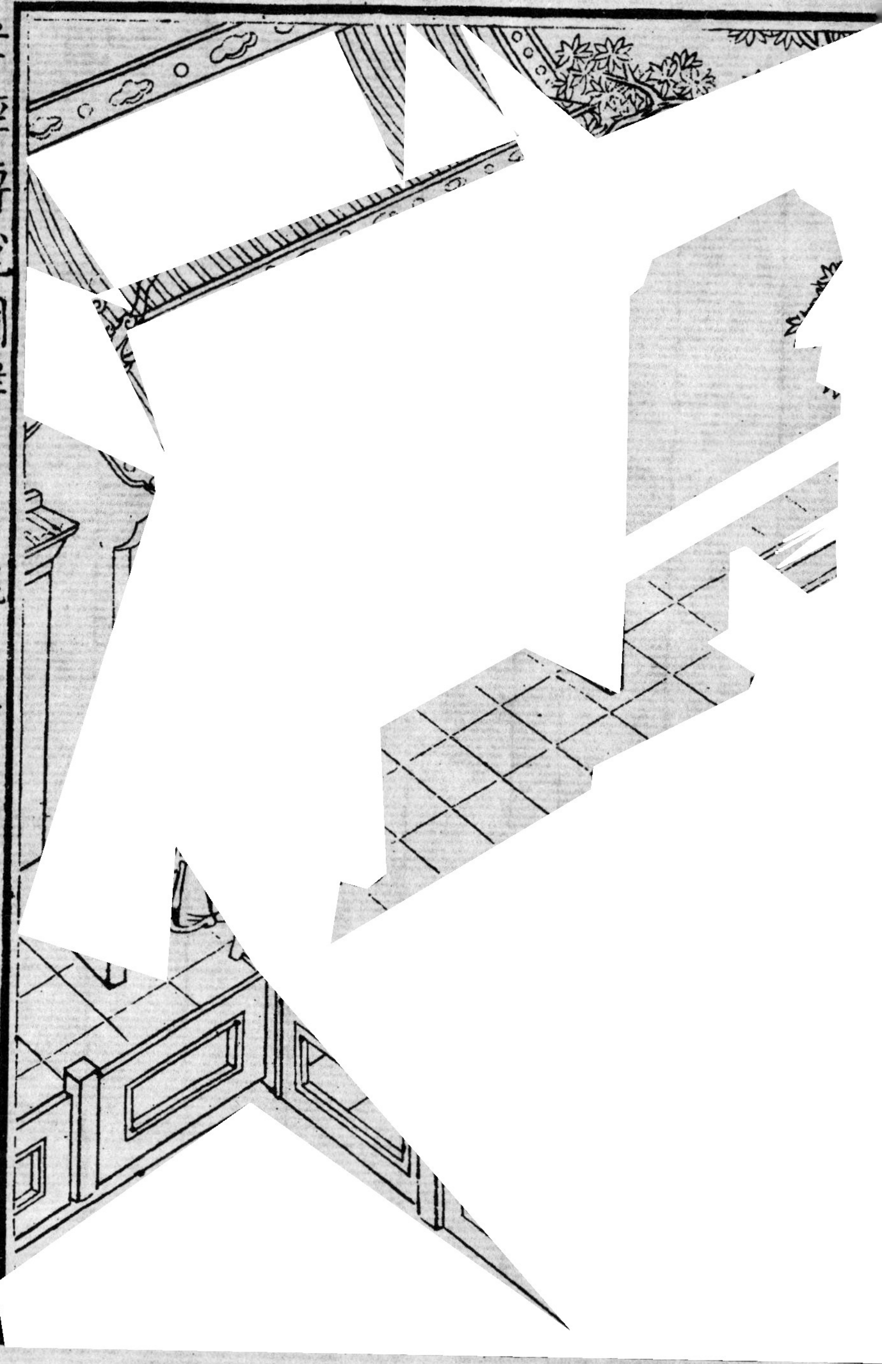

雲豫堂

韓琦。字稚圭。相州安陽人也。仁宗時。琦為相。帝連失三王。適有疾。詒以濮王子宗實。纘承大統。是為英宗太后垂簾同聽政。是為慈聖太后。英宗即位。疾甚。舉措或改常度。遇宦者尤少恩。左右多不悅。乃共為讒間。兩宮遂成隙。內外恟懼。知諫院呂誨上書兩宮。開陳大義。詞旨深切。多人所難言者。而兩宮猶未釋然。一日琦奏事簾前。太后嗚咽流涕。具道所以。琦曰。此病故爾。疾已必不然。子疾。母可不容之乎。后默然久之。琦進曰。臣等在外。聖躬若失調護。太后不得辭其

嘉興倪心記捐刻

庸

後數日。琦獨見帝。帝曰。太后待我少恩。琦對曰。自古聖帝明王。不為少矣。獨稱舜為大孝。豈其餘盡不孝哉。父母慈而子孝。此常事。不足道。惟父母不慈。而子不失孝。乃為可稱。但恐陛下事之未至耳。父母豈有不慈哉。帝大感悟。時英廟已安。琦因請乘輿禱雨。具素服以出。人情大安。太后猶未還政。琦乃取十餘事稟帝。帝裁決悉當。琦即詣太后。覆奏。后事事稱善。琦因白后求去。后曰。相公何可去。我當居深宮耳。遂起

嘉興倪心記捐刻　庯

琦即命撤簾。簾既落。猶於屏後見太后衣也。初帝臥疾久。琦問起居。退遇神宗出寢門。琦曰。願大王早晚當在上左右。神宗曰。此臣子之職。琦曰。非為此也。神宗感悟而去。或謂公所為誠善。萬一蹉跌。豈惟身不自保。琦歎曰。是何言也。人臣當盡力事君。死生以之。至於成敗。天也。豈可預憂其不濟。遂輟不為哉。故忠勇如此。薨年六十八。贈尚書令。諡忠獻。神宗自為碑文。篆其首。兩朝定策元勳之碑。配享英廟。政和中。追贈魏王。宋史

孝經傳說圖解

鄴侯護儲

雲豫堂

嘉興倪心記捐刻　庸

肅宗即位。靈武。次子建寧王為張良娣李輔國所譖。
賜死。廣平懼。謀去二人。泌曰。不可。王不見建寧之禍
乎。但盡人子之孝。良娣婦人。委曲順之。亦何能為。蓋
時廣平有大功。良娣忌之。潛搆流言。泌未有以為之
地也。及復長安。捷書至上。喜。就泌飲酒。同榻寢。泌求
去。上曰。卿以朕不從北伐之謀乎。對曰。非也。所不敢
言者。建寧耳。上泣下曰。先生言是也。既往不咎。朕不
欲聞之。泌曰。臣所以言者。非咎既往。乃欲陛下慎將
來耳。因為帝誦黃臺瓜詞。於是廣平無恙。德宗時復

[illegible]
禱。上幽主禁中。切責太子。太子請與蕭氏離婚。上召
泌告之。且曰。舒王仁孝。近以長立。泌曰。陛下惟有一
子。柰何疑廢之而立姪。上怒曰。卿何得間人父子。誰
語舒王為姪者。對曰。陛下自言之。大歷初。陛下謂臣。
今日得數子。臣請其故。陛下言昭靖諸子。主上令吾
子之。今陛下所生之子猶疑之。何有於姪。舒王雖孝。
陛下勿復望其孝矣。上曰。卿違朕意。何不愛家族耶。
對曰。臣為愛家族。故不敢不盡言之。若畏陛下威怒

而為曲從。陛下明日悔之。必尤臣云。吾任汝為相。不
力諫。使至此。必復殺臣子。臣老矣。餘年不足惜。若冤
殺臣子。而以姪為嗣。臣未得歆其祀也。因嗚咽流涕。
上亦泣曰。事已至此。使朕如何而可。對曰。此大事。願
陛下審圖之。陛下記昔在彭原。建寧何故而誅。上曰。
建寧叔實冤。肅宗性急。譖之者衆耳。泌曰。陛下既知
肅宗性急。以建寧為冤。臣不勝慶幸。願陛下戒覆車
之失。從容三日。究其端緒。而思之。必釋然知太子之
無他也。幸賴陛下語臣。臣敢以宗族保太子必不知

詔命侯相[illegible]之[illegible]宗[illegible]相[illegible]之後承此官[illegible]已病舍王

圖定策之功矣。上曰。爲卿遷延明日思之。泌叩頭泣

曰。如此。臣知陛下父子慈孝如初矣。然陛下還宮。當

自審。勿露此意。露之則彼皆欲樹忠於舒王。太子危

矣。上曰。具曉卿意。閒日。上開延英殿獨召泌。流涕撫

其背曰。非卿切言。朕悔無及矣。太子仁孝。實無他也。

泌賀曰。陛下聖明。察太子無罪。臣報國畢矣。驚悸不

可復用。願乞骸骨。上曰。吾父子賴卿得全。方祈報德

不許。泌相三朝。封爲鄴侯。天子以師友處之。唐書

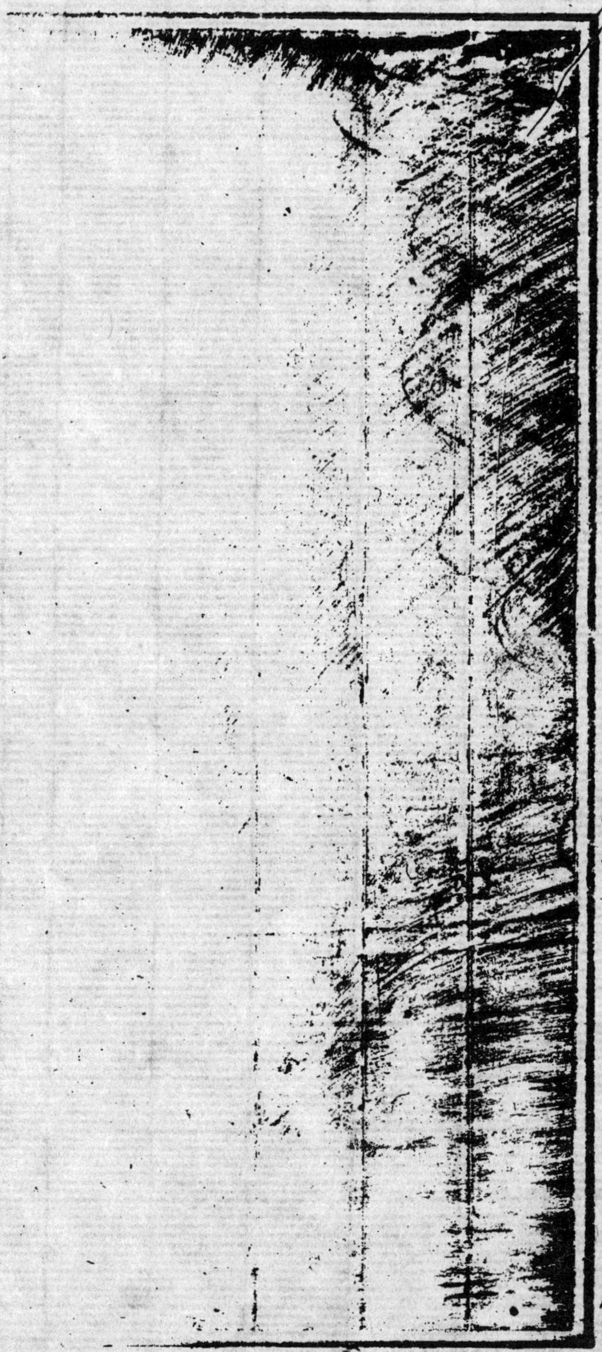

嘉興倪心記捐刻

文貞歸墓

嘉興張時初捐刻

梁文貞。虢州閿鄉人。少從軍守邊。還親已亡。自傷不得養。即穿壙為門。晨夕汎掃。廬墓左。喑默三十年。家人有所問。畫文以對。會官改新道。出文貞廬前。行旅見之。皆為流涕。有甘露降塋木。白兔馴擾。縣令刋石紀之。開元中。刺史許景先表文貞孝行絕倫。詔付史官。唐書

孝經傳說圖解

孫晷扶輿

雲豫堂

嘉興張時初捐刻

嘉

孫晷。字文度。吳國富春人。吳伏波將軍秀之曾孫也。晷為兒童。未嘗被呵怒。及長。恭孝清約。學識有理義。每獨處。幽暗之中。容止瞻望。未嘗傾邪。父母起居嘗饌。雖諸兄親饋。而晷不離左右。富春車道既少。動經山川。父難于風波。每行乘籃輿。晷躬自扶持。所詣之處。則於門外樹下籓屏之間。隱息。初不令主人知之。兄嘗篤疾經年。晷躬自扶持。藥石甘苦。必經心目。跋涉山水。祈求懇至。晋書

孝經傳説圖解

紹宗旋室

雲豫堂

嘉興朱之榛捐刺

珠

周紹宗。字岐陽。海鹽人。本姓馬。少失恃。事生母繼母如一。繼母病久。體不能屈伸。楚不可禁。紹宗負之行。盤旋室中。日數百回。病遂瘳。偶出心動。急歸。生母雙瞽。帷中失火。不能出。紹宗從烈焰中負之而趨。火亦旋熄　浙江通志

趙狗倚閭

雲豫堂

嘉興朱之榛捐刻

趙狗。幼有孝性。年五六歲時。得甘美之物。未嘗敢獨食。必先以哺父。父出。輒待還而後食。過時不還。則倚閭啼以俟父。

師覺授孝子傳

孝經傳說圖解

朱暉拔劍

雲豫堂

漢朱暉。早孤。有氣侠。年十三。王莽敗而天下亂。暉母氏家屬。從田間来宛城。道遇賊。刄刼諸母。掠奪衣物。昆弟賓客。皆惶迫伏地。暉獨拔劍而前曰。財物可取。諸母衣不可得。今日朱暉死日也。賊見其小。笑曰。童子內刄。因捨去。後為尚書僕射。

後漢書

嘉興朱善增捐刻

濟

孝經傳說圖解

顧愷臨書

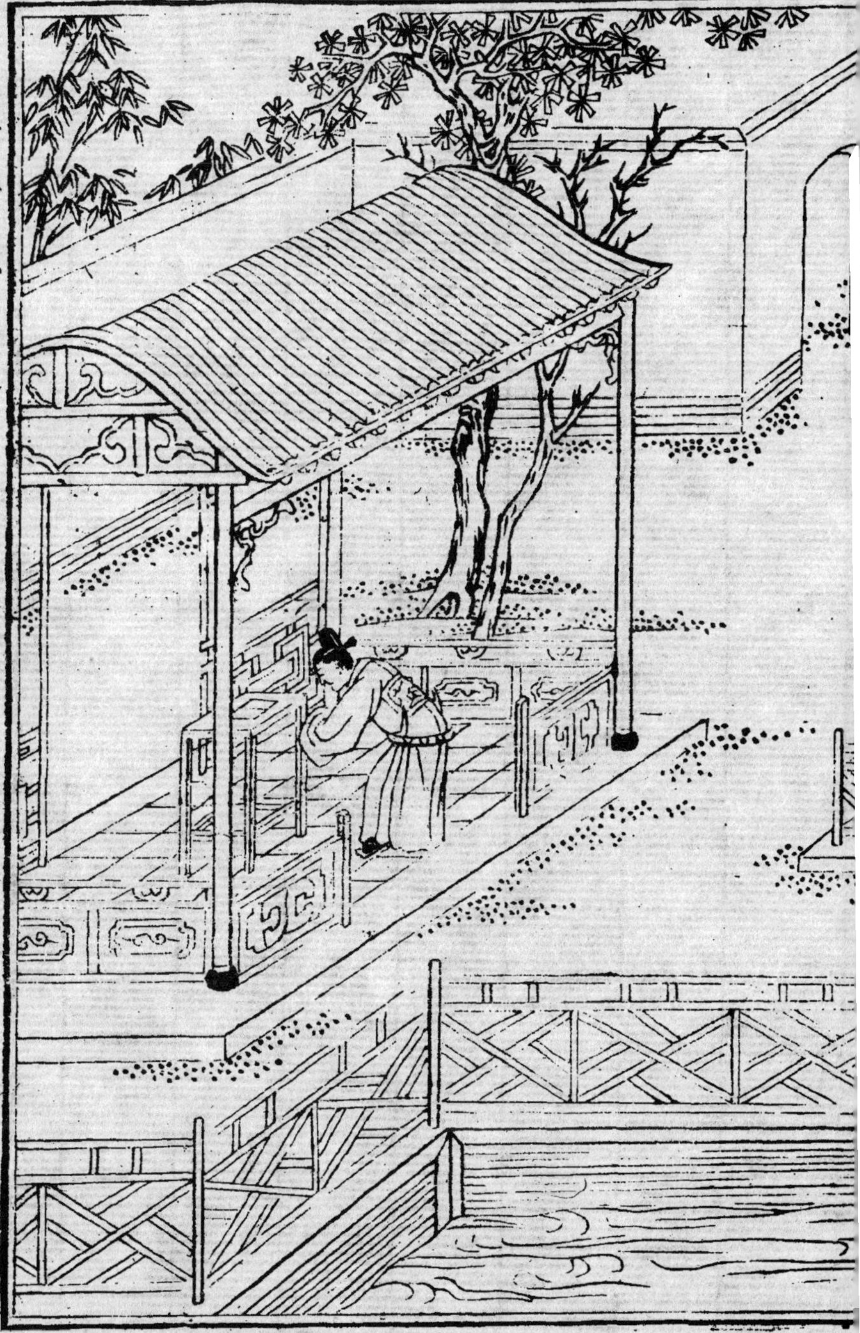

雲豫堂

嘉興朱善均捐刻

濟

顧愷。吳郡人。年十五。為郡吏除郎中。稍遷偏將軍。父向歷四縣令。年老致仕。愷每得父書。洒掃。整衣服。更設几筵。舒書其上。拜跪讀之。每句應諾。畢。復再拜。若父有疾耗之問至。則臨書垂涕。父以壽終。愷飲漿不入口五日。常畫壁作棺柩象。設神座於下。每對之哭泣。有四子。彥禮譙祕。祕晉交州刺史。祕子衆。尚書僕射。吳志

孝經傳說圖解

陶侃酒限

雲豫堂

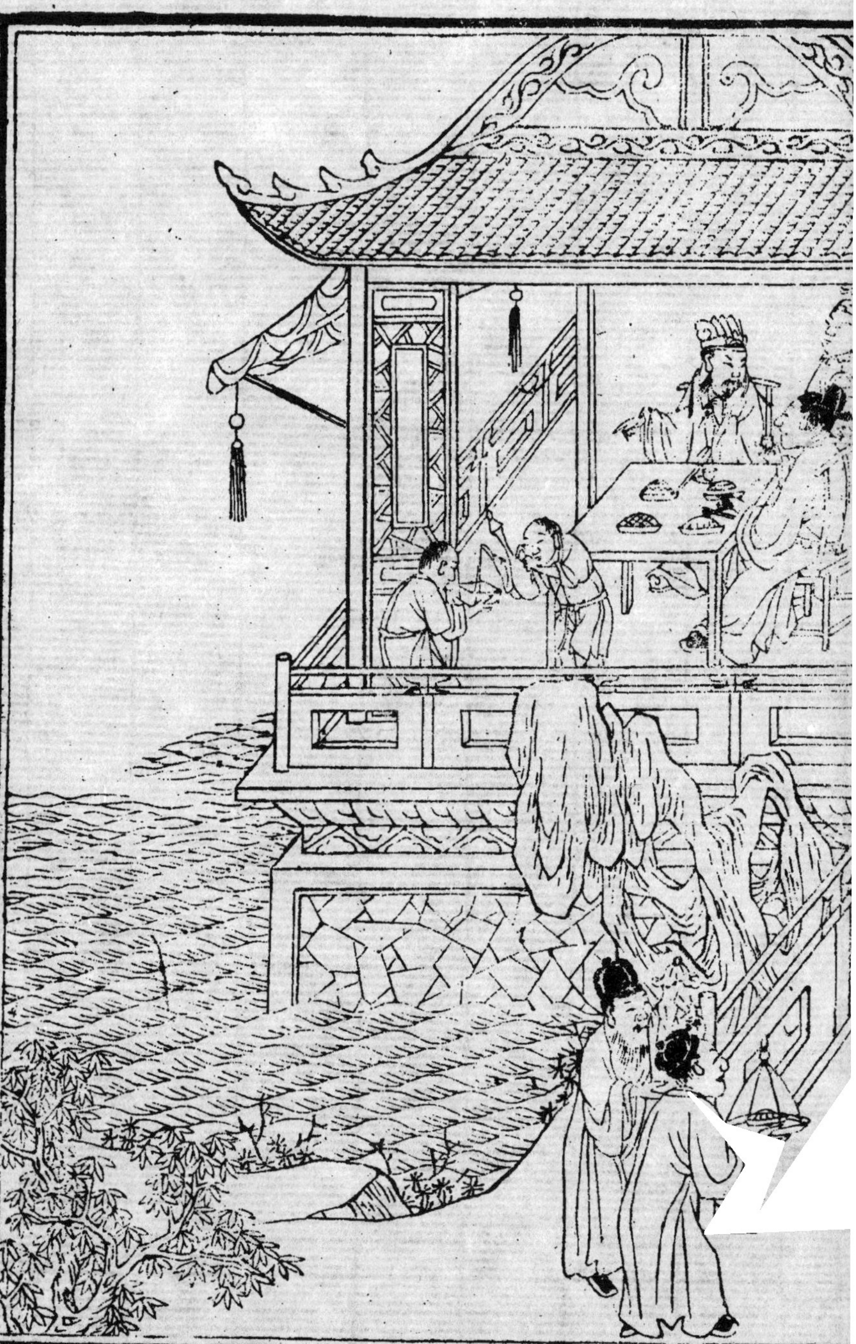

嘉興張鳴佩捐刺

貞

晉長沙郡公陶侃。在軍四十一載。雄毅有權明悟善決斷。自南陵迄於白帝。數千里中。道不拾遺。每飲酒有定限。常歡有餘而限已竭。殷浩等勸更少進。侃悽懷良久。曰。少年曾有酒失。亡親見約。故不敢踰。常語人曰。大禹聖者。乃惜寸陰。至於衆人。當惜分陰。諸叅佐或以戲談廢事者。命取其酒器蒱博之具。悉投之於江。曰。樗蒱者牧豬奴戲耳。君子當正其衣冠。攝其威儀。何有亂頭養望。自謂宏達耶。晉書

孝經傳說圖解

許孜松栽

雲豫堂

嘉興張鳴佩捐刻

貞

許孜。字季義東陽吳寧人也孝友恭讓敏而好學。年二十。師事豫章太守會稽孔冲。學竟還鄉里。冲在郡喪亡。孜聞問盡哀負擔奔赴。送喪還會稽蔬食執役制服三年。俄而二親沒。柴毀骨立。建墓於縣之東山躬自負土。不受鄉人之助。列植松柏亘五六里。時有鹿犯其松栽。孜悲嘆曰。鹿獨不念我乎。明日。忽見鹿為猛獸所殺。置所犯栽下。自後樹木滋茂而無犯者。元康中。郡察孝廉。不起。年八十餘。卒於家邑人號其居為孝順里。晉書

孝經傳說圖解　德饒甘露　雲豫堂

嘉興俞承遠捐刻　哲

李德饒趙郡柏人人也。少聰敏好學。有至性。宗黨咸敬之。弱冠為校書郎。仍直內史省。參掌文翰。轉監察御史。糾正不避貴戚。大業三年。遷司隸從事。每巡四方。理雪冤枉。褒揚孝悌。性至孝。父母寢疾。輙終日不食。十旬不解衣。及丁憂。水漿不入口五日。哀慟嘔血數升。及送葬之日。會仲冬積雪。行四十餘里。單縗徒跣。號踴幾絕。會葬者千餘人。莫不為之流涕。後甘露降於庭樹。有鳩巢其廬。納言楊達巡省河北。詣其廬弔慰之。因改所居村名孝敬村。里為和順里。隋書

大冶香灰

蔡大冶。字朝佐。一字廉夫。臨海人。幼從竹江趙淵游。博究經史。動順親意。里稱孝童。父患瘵暈。母瘋疾。家貧。傭書以供甘旨。丙夜吮瘵柔體。嘗湯藥。扶起居。櫛沐澣濯。備極艱辛。踰兩紀如一日。父病危。號天仆地。聞空中云香灰可救。輙取水煎汁進父。飲未半。忽天雨祥光照户。父病立瘳。孝格傳

孝經傳說圖解　薛苞掃舍　雲豫堂

嘉興莊念謀捐刻　瑞

薛苞。好學篤行。喪母。以至孝聞。父娶後妻而憎苞。分之令出。苞日夜號泣不能去。至被毆杖。不得已廬于舍外。旦入而洒掃。父怒。又逐之。乃廬于里門。晨昏不廢。積歲餘。父母慙而還之。汝南先賢傳

孝經傳說圖解

祝崑投巖

雲豫堂

嘉興高勝金摘刻

瑞

祝崑。麗水人。元末奉母避賊山中。賊追及母。急投崖下。崑擲身赴救。忽雷雨大作。賊駭散。一時避難者俱脱。母墜深崖幾絶。崑挂樹梢不死。卒負母而登。洪武七年。舉孝廉。授知縣。未幾。乞養歸。明孝友傳

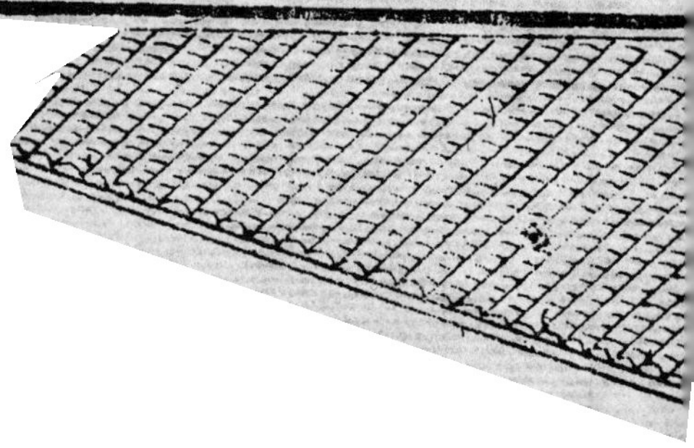

嘉興李維城捐刊　志

卜懷。寧海人。母教甚嚴。常課其業。輒以杖擊之。母年九十六卒。懷執杖而泣曰。安得母復教我耶。祀其杖於母側。遂廬于墓。後歲貢就銓。以孝行擢首選。明孝友傳

孝經傳說圖解

皐魚擁鐮

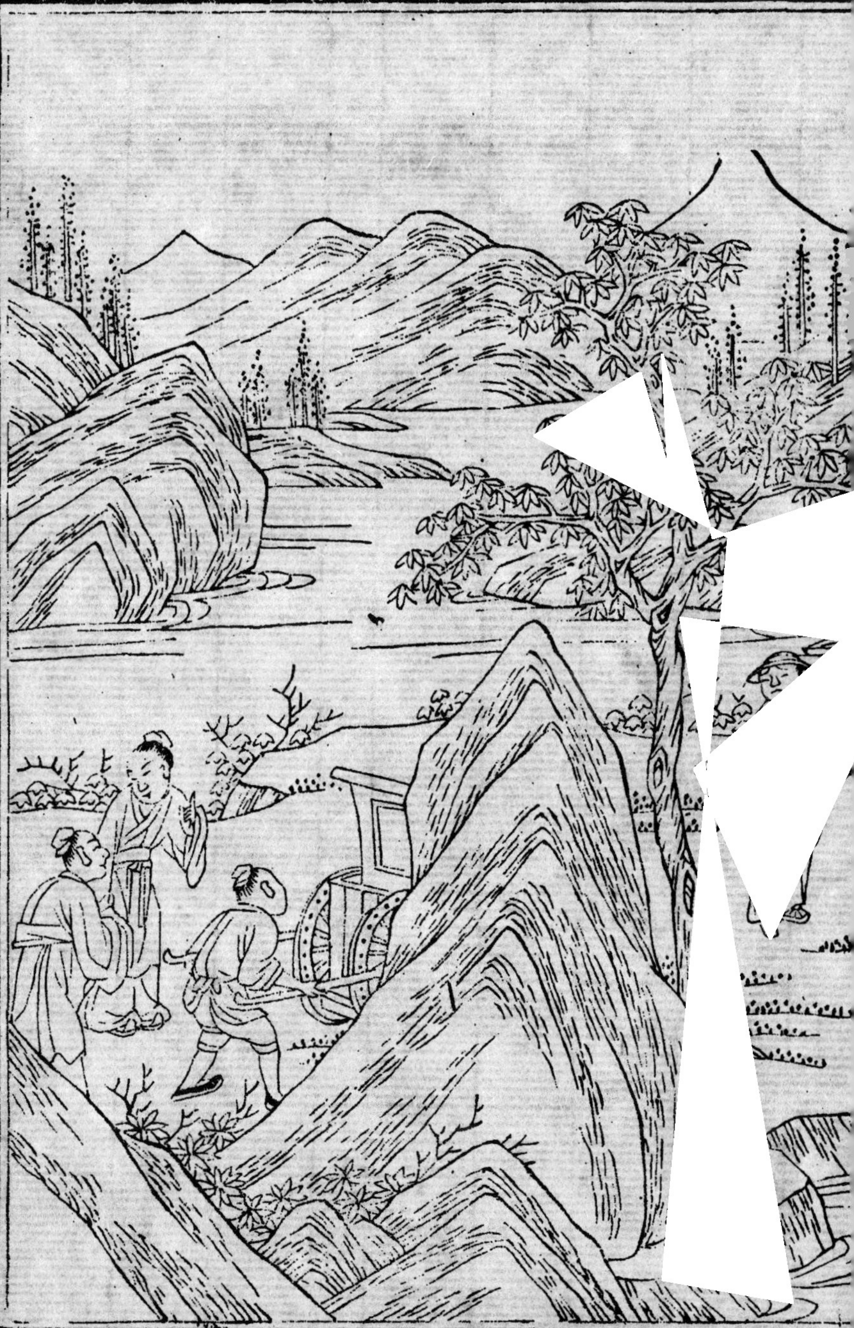

雲豫堂

孔子行。聞哭聲甚悲。孔子曰。驅驅前有賢者。至。則皐魚也。被褐擁鐮。哭于道傍。孔子避車與之言曰。子非有喪者。何哭之悲也。皐魚曰。我失之三矣。我少好學。周流天下。而我親死。一失也。高尚其志。不事庸君。而晚無成。二失也。少失交遊。寡于親友。三失也。樹欲靜而風不息。子欲養而親不待。往而不可得見者。親也。我請從此辭矣。立哭而死。孔子曰。弟子識之。足以誡矣。于是門人辭歸而養親者。十有三人。韓詩外傳

嘉興孫賦捐刻

孝經傳說圖解

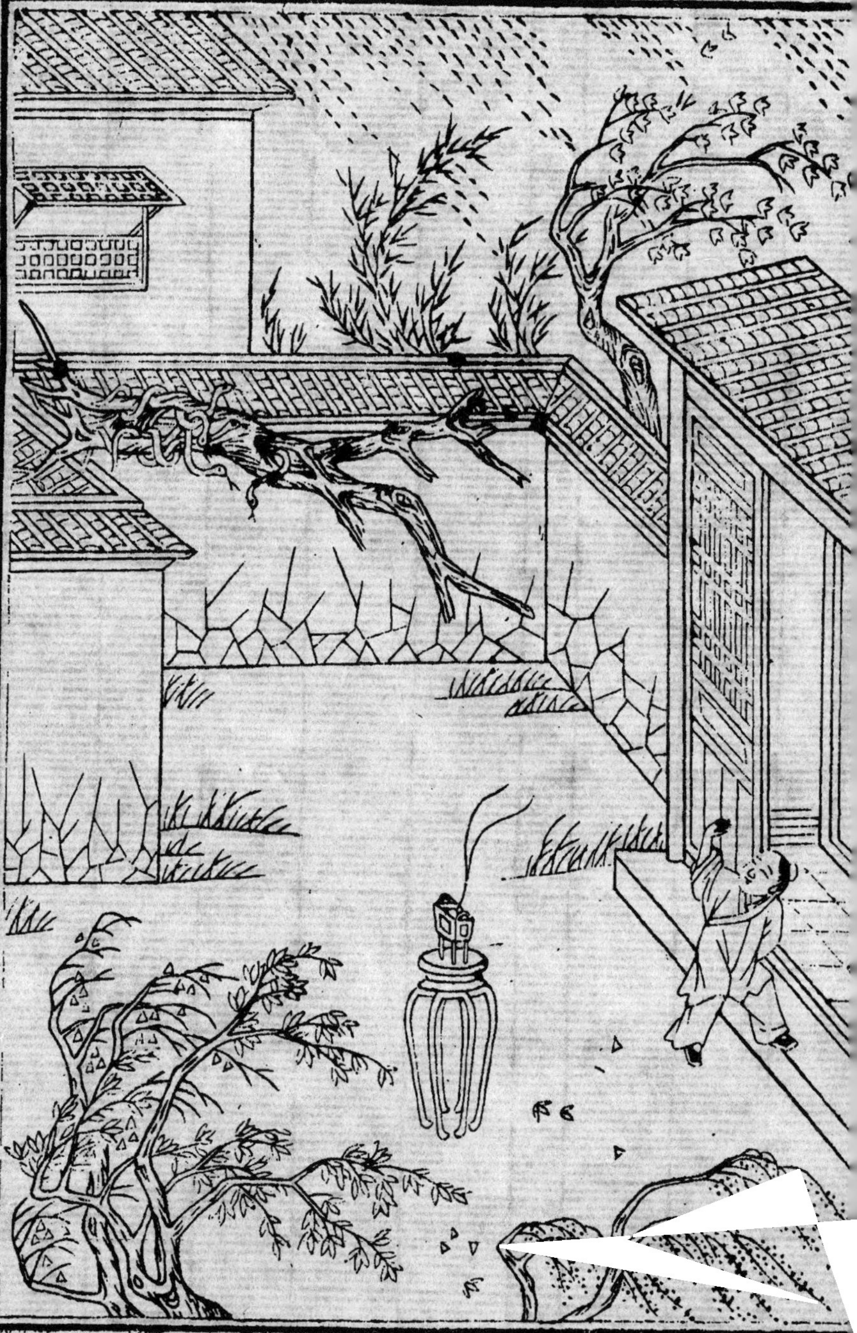

韋琳拔木

雲豫堂

嘉興馬時傑捐刻

和

韋琳字元罷。鍾山鄉人節婦駱氏子也。六歲母病。時值溽暑。即能為母扇枕。人號小黃香。母寢室後有巨木多蛇。母見驚病。琳焚香籲天。是夜風雷大作。拔木出墻外。母病即愈。桐廬縣志

孝經傳說圖解

謝生拜柑

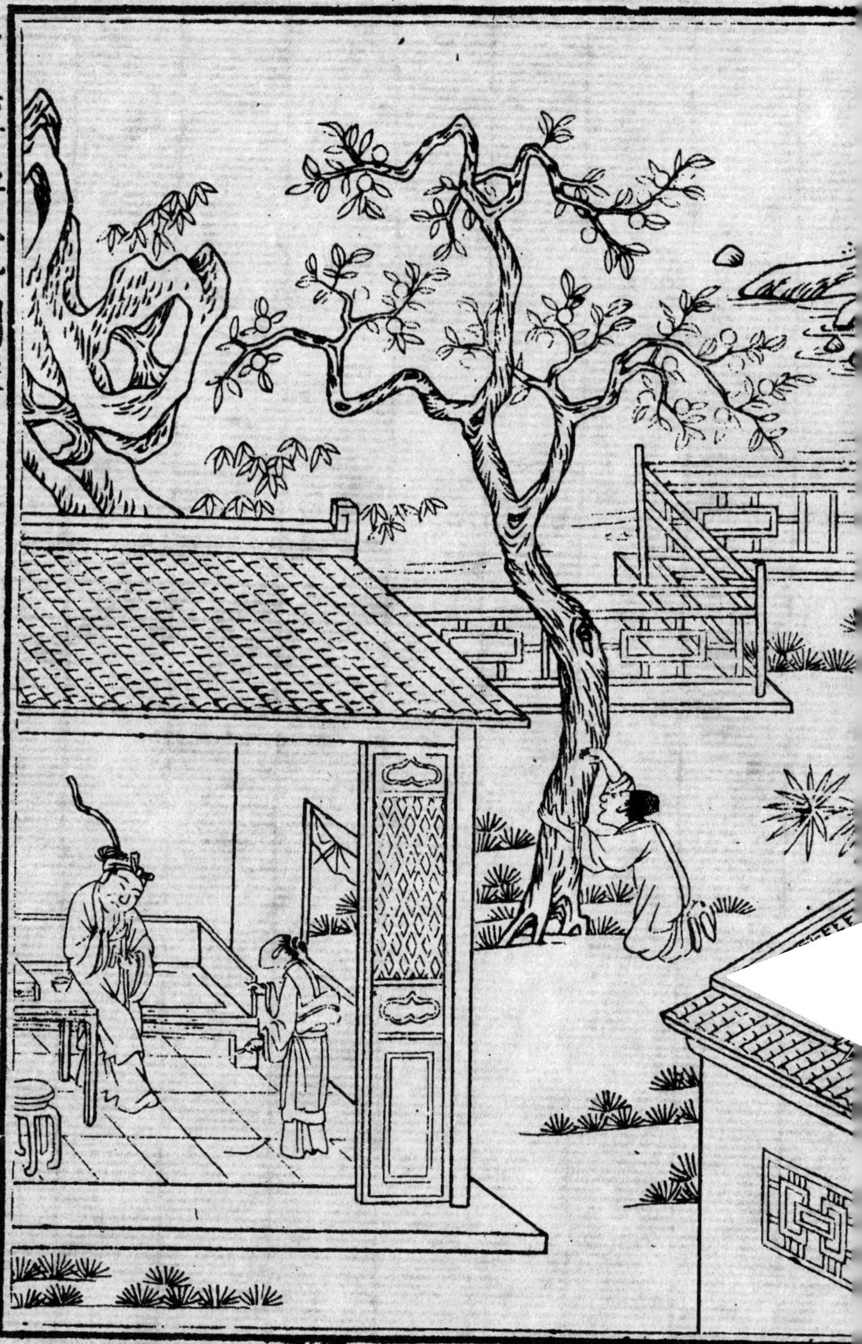

雲豫堂

嘉興馬時傑捐刻

和

宋淳熙時。江州民謝生母老病。以夏月思生柑不啻饑渴。謝家有小園。種此果。乃夜拜樹下。膝為之穿裂。詰旦。已纍纍結丹實數顆。食之。病遂瘳。宋史

孝經傳說圖解

張顥金印

雲豫堂

秀水殷鳳璉摘刺

太尉常山張顥。為梁相。天新雨後。有鳥如山雀飛翔近地。民爭取之。即為一員石。顥令椎破之。得一金印。曰忠孝侯印。顥表上之。藏于官庫。後議郎樊行戹校書東觀。表上言堯舜之時。舊有此官。今天降印。宜可復置。博物志

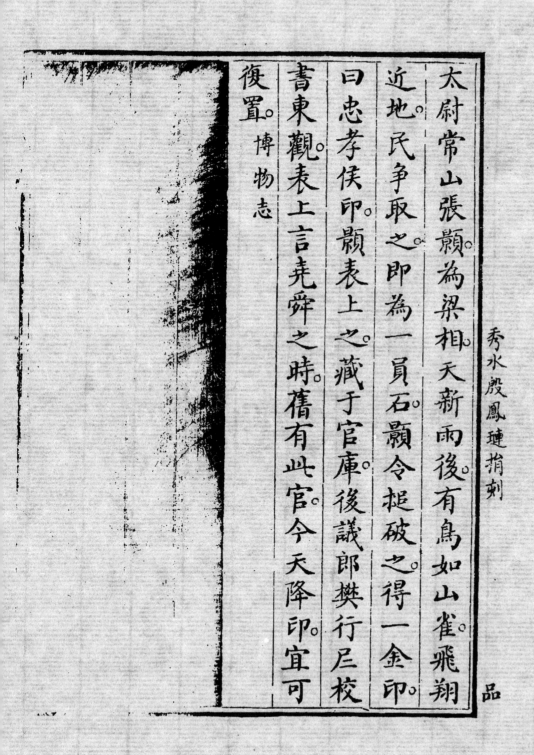

孝經傳說圖解

叡明石函

雲豫堂

秀水敦鳳璉捐刻

品

齊蕭叡明母患病積年。叡明晝夜祈禱。忽有一人。以石函授之。曰。此能治太夫人疾。叡明跪而受之。忽然不見。以函奉母。中惟三寸絹。丹書日月字。母病即愈。

稗史